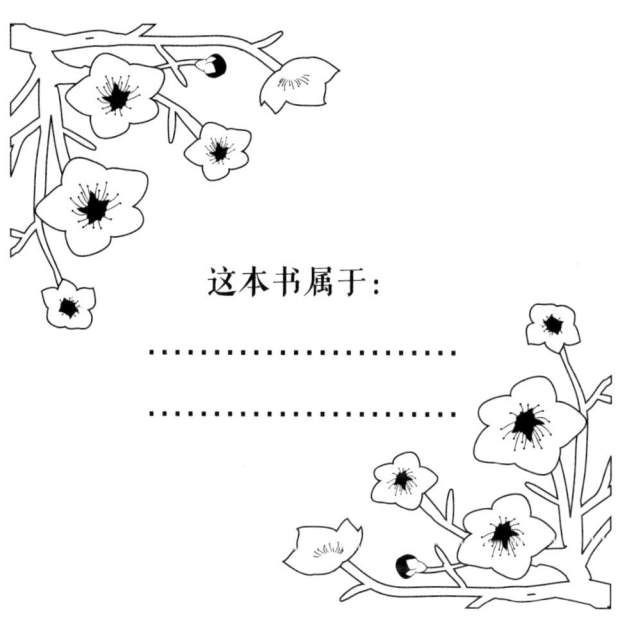

这本书属于：
....
....

图书在版编目（CIP）数据

灵感·花园：50款花园图案减压涂绘本 / 刘梦星译. —北京：华夏出版社，2015.2（2015.8重印）

（涂绘减压系列）

书名原文：Inspiration jardin 50 coloriages anti-stress

ISBN 978-7-5080-8144-1

Ⅰ.①灵… Ⅱ.①刘… Ⅲ.①心理压力 – 心理调节 – 通俗读物 Ⅳ.①B842.6-49

中国版本图书馆CIP数据核字(2014)第124827号

Inspiration jardin: 50 coloriages anti-stress
© Dessain et Tolra / Larousse 2013
版权所有，翻印必究。
北京市版权局著作权合同登记号：图字01-2014-0861

灵感·花园：50款花园图案减压涂绘本

译　　者　刘梦星
责任编辑　尾尾鱼
美术设计　殷丽云
责任印制　刘　洋

发行出版　华夏出版社
经　　销　新华书店
印　　刷　北京睿和名扬印刷有限公司
装　　订　北京睿和名扬印刷有限公司
版　　次　2015年2月北京第1版　　2015年8月北京第4次印刷
开　　本　787×1092　1/16开
印　　张　4
定　　价　35.00元

华夏出版社　地址：北京东直门外香河园北里4号　邮编：100028
　　　　　　网址：www.hxph.com.cn　电话：（010）64663331（转）
若发现本版图书有印装质量问题，请与我社营销中心联系调换。

涂绘减压系列 3

灵感·花园

50 款花园图案减压涂绘本

50 coloriages
anti-stress inspiration jardin

如何忘却每天琐碎的烦心事？

　　重拾童年时给漂亮图案涂色的小乐趣吧，回归它曾带给你的那些平静和快乐。在打电话的时候，你是不是喜欢随手在纸上涂涂画画，抑或经常给手边杂志里的图案涂上颜色？只要你喜欢，涂色并不需要什么特殊的技巧，随时可以上手。它会带你回到童年的美好时光，让你沉浸其中，去放松，去思考。何况，它还能唤起我们每个人心中那沉睡了许久的创造力。

　　生活在压力之中，如果能有一刻沉浸在挑选心仪的颜色，填涂或生动或抽象的精巧图案中，是再好不过的减压方式了——让每天被智能手机和平板电脑绑架的大脑归零放空一下吧。本书提供了50幅自然主题的素描图案，你可以任选一幅，然后专注其中。

　　填涂中没有什么一定要遵守的规则：可以使用水彩笔、彩色铅笔、水粉、蜡笔，一切由你选择的颜色决定。一笔一笔涂下去，你会逐渐感到内心平和。很快，你的脑海中就不再有杂念，完全沉浸在填涂中，你的心灵和眼睛里也只剩下眼前的颜色和图案，全身心融入这些美好的小细节中了。

　　你还可以在留白处用铅笔随意勾画。有一些只用点勾出了轮廓的图案是特意为你发挥想象力准备的，点状图案只是提供了一个起点，可以据此继续尽情创作。最后，要想更充分地享受专注沉思的时光，你还可以把最满意的作品裁剪下来，找一个安静的角落细细凝视，让这些图案帮助你真正逃离每天日常生活中的琐碎。

　　每天花上5~10分钟的时间专注涂绘，就能让你身心放松，重拾平静！

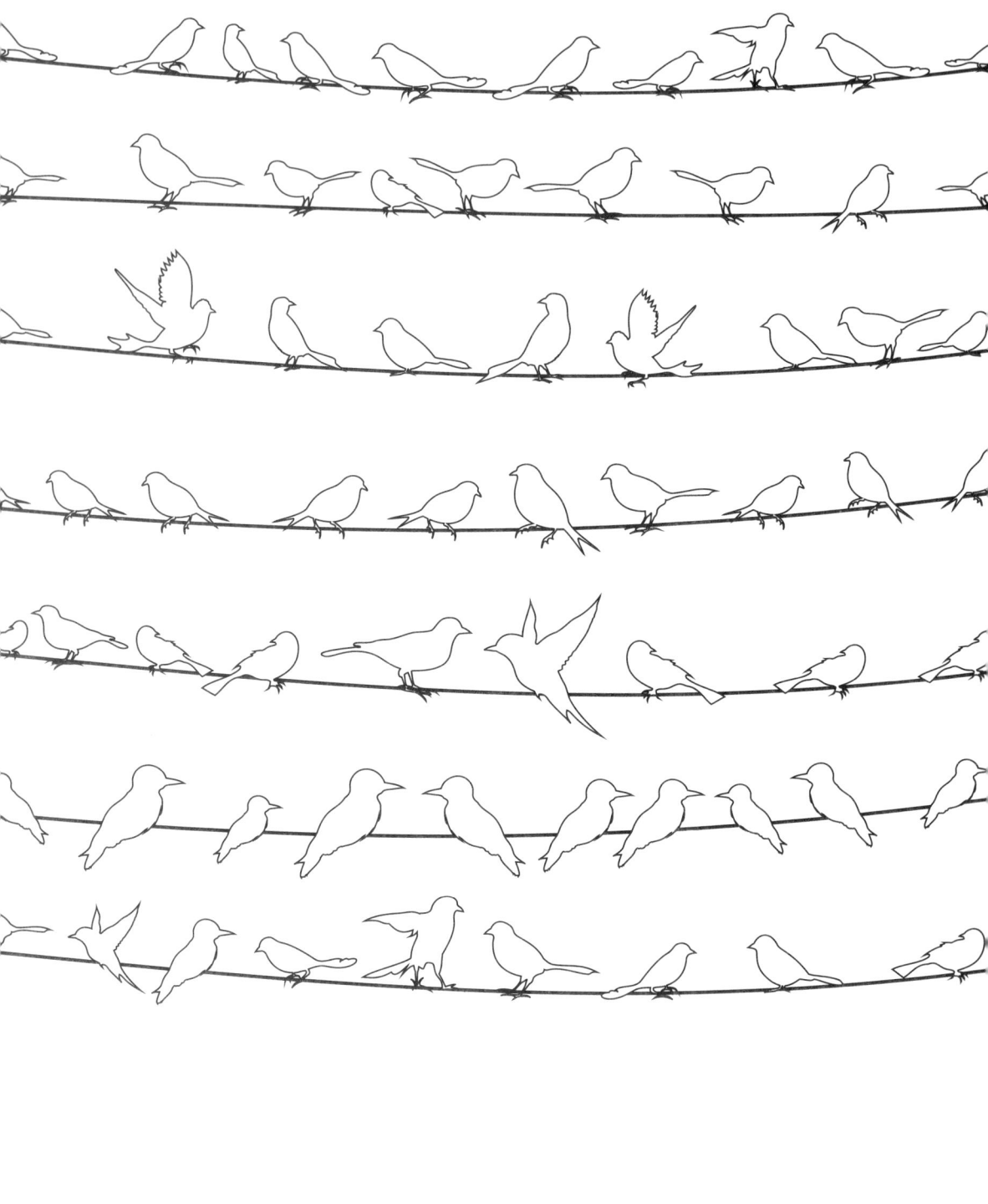

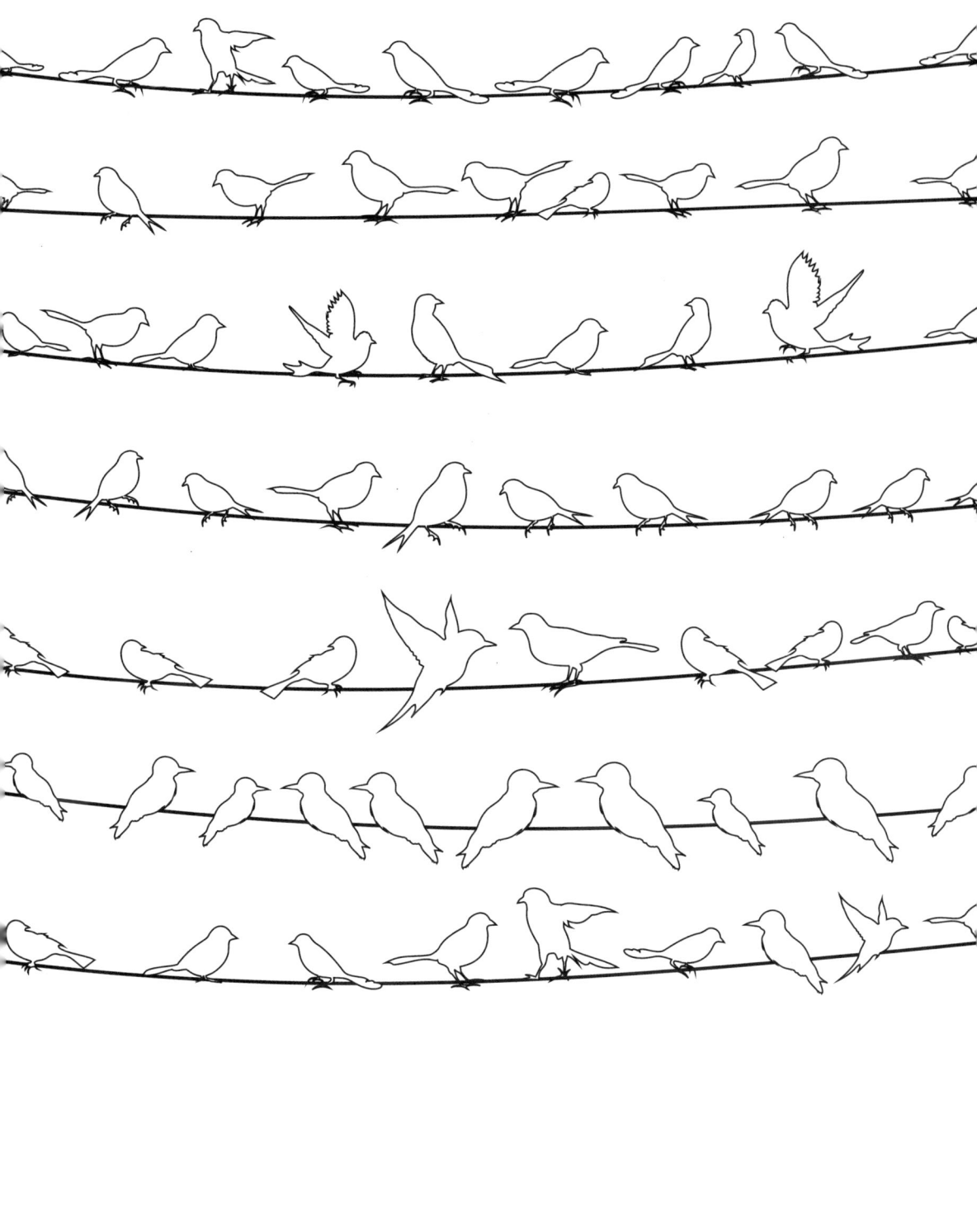

按你的想法画上枝叶……

自由发挥你的想象力，完成这幅画。

将点连成线，描画出轮廓，并用各种植物填满整个画面。

描画出花的轮廓，并用各种植物填满整个画面。

随意填涂,完成整个画面。

用花茎和花叶填满整个画面。

在这里画一个你想象中的鱼塘。

在这里画上蝴蝶和蜻蜓。

在叶子里或周围空白处画上图案。

在树枝上画上小鸟和鸟宝宝。

在树枝上画上花和自由的鸟儿。

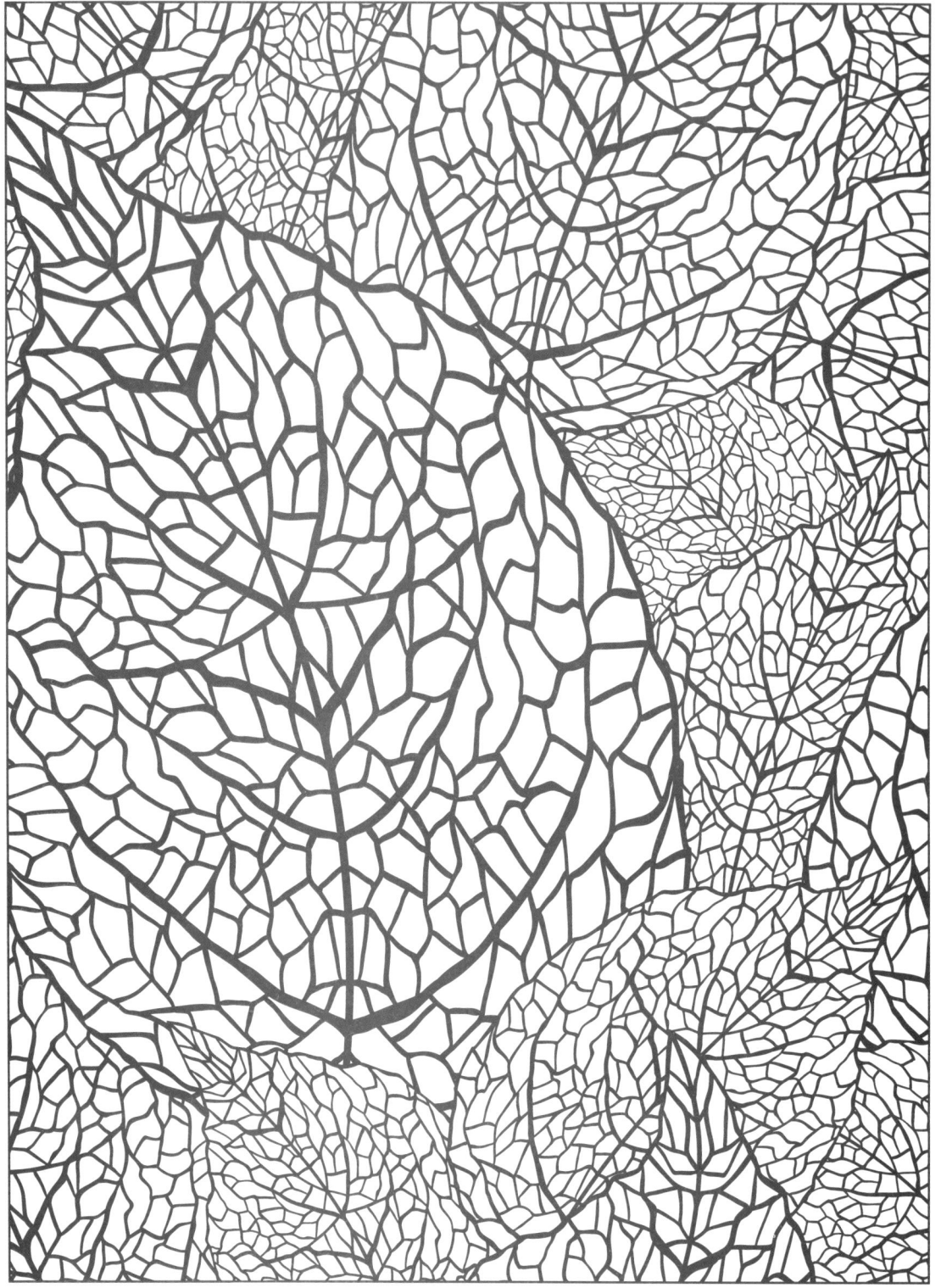

图片来源：
Couverture : © smilewithjul/Shutterstock.com
p. 1 : © coll. iStockphoto/Thinkstock ; p. 4 - 5 : © Curly Pat/Shutterstock.com ; p. 6 - 7 : © Aleksander1/Shutterstock.com ; p. 8 © coll. iStockphoto/Thinkstock ; p. 9 : © Nikitina Olga/Shutterstock.com ; p. 10 - 11 : © Kudryashka/Shutterstock.com ; p. 12 : © Kudryashka/Shutterstock.com ; p. 13 : © coll. iStockphoto/Thinkstock ; p. 14 : © Kudryashka/Shutterstock.com ; p. 15 : © coll. iStockphoto/Thinkstock ; p. 16 : © coll. iStockphoto/Thinkstock ; p. 17 : © coll. iStockphoto/Thinkstock ; p. 18 : © coll. iStockphoto/Thinkstock ; p. 19 : © coll. iStockphoto/Thinkstock ; p. 20 : © coll. iStockphoto/Thinkstock ; p. 21 : © coll. iStockphoto/Thinkstock ; p. 22 : © coll. iStockphoto/Thinkstock ; p. 23 : © coll. iStockphoto/Thinkstock ; p. 24 : © coll. iStockphoto/Thinkstock ; p. 25 : © coll. iStockphoto/Thinkstock ; p. 26 : © coll. iStockphoto/Thinkstock ; p. 27 : © Losswen/Shutterstock.com ; p. 28 : © coll. iStockphoto/Thinkstock ; p. 29 : © smilewithjul/Shutterstock.com ; p. 30 - 31 : © Oksancia/Shutterstock.com ; p. 32 : © coll. iStockphoto/Thinkstock ; p. 33 : © coll. iStockphoto/Thinkstock ; p. 34 - 35 : © coll. iStockphoto/Thinkstock ; p. 36 - 37 : © Incomible/Shutterstock.com ; p. 38 © Molesko Studio/Shutterstock.com ; p. 39 ©coll. iStockphoto/Thinkstock ; p. 40 - 41 : © Fears/Shutterstock.com ; p. 42 : © Irmairma/Shutterstock.com ; p. 43 : © tets/Shutterstock.com ; p. 44 : © Helga Wigandt/Shutterstock.com ; p. 45 : © coll. iStockphoto/Thinkstock ; p. 46 : © liquidlibrary/Thinkstock ; p. 47 : © coll. iStockphoto/Thinkstock ; p. 48 - 49 : © coll. iStockphoto/Thinkstock ; p. 50 : © coll. iStockphoto/Thinkstock ; p. 51 : © coll. iStockphoto/Thinkstock ; p. 52 : © liskus/Shutterstock.com ; p. 53 : © Curly Pat/Shutterstock.com ; p. 54 - 55 : © smilewithjul/Shutterstock.com ; p. 56 : © kusuriuri/Shutterstock.com ; p. 57 : © Hemera/Thinkstock ; p. 58 - 59 : © anfisa focusova/Shutterstock.com ; p. 60 : © Incomible/Shutterstock.com ; p. 61 : © bekulnis/Shutterstock.com ; p. 62 : © tets/Shutterstock.com ; p. 63 : © coll. iStockphoto/Thinkstock.

华夏出版社微信平台

闲时光微信平台

新浪微博：@华夏出版社

闲时光公共邮箱：leisuretime@qq.com
QQ群：108287624（闲时光手作小组）
微博：@闲时光－手作
微信公众号：闲时光